小山的中国地理探险日志

U0166565

蔡峰 ——— 编绘　栗河冰 ——— 主审

四大平原　上卷

电子工业出版社
Publishing House of Electronics Industry
北京·BEIJING

图书在版编目（CIP）数据

小山的中国地理探险日志. 四大平原. 上卷 / 蔡峰编绘. —— 北京：电子工业出版社，2021.8
ISBN 978-7-121-41503-6

Ⅰ.①小… Ⅱ.①蔡… Ⅲ.①自然地理 – 中国 – 青少年读物 Ⅳ.①P942-49

中国版本图书馆CIP数据核字（2021）第128709号

责任编辑：季　萌
印　　刷：天津市银博印刷集团有限公司
装　　订：天津市银博印刷集团有限公司
出版发行：电子工业出版社
　　　　　北京市海淀区万寿路173信箱　邮编：100036
开　　本：889×1194　1/16　印张：36.25　字数：371.7千字
版　　次：2021年8月第1版
印　　次：2024年11月第8次印刷
定　　价：260.00元（全12册）

凡所购买电子工业出版社图书有缺损问题，请向购买书店调换。若书店售缺，请与本社发行
部联系，联系及邮购电话：（010）88254888，88258888。
质量投诉请发邮件至zlts@phei.com.cn，盗版侵权举报请发邮件至dbqq@phei.com.cn。
本书咨询联系方式：（010）88254161转1860，jimeng@phei.com.cn。

四大平原

地球表面所呈现高低起伏的各种陆地形态被称为地形。根据不同的形态特征，地形通常分为五大类：平原、丘陵、山地、高原和盆地。世界上不同的大洲、不同的国家乃至不同的地区都分布有不同的地形类型。我国960万平方千米的辽阔国土，地势西高东低，呈三级阶梯状分布，在三个阶梯上分布有各类地形。现在我们就跟着小山先生去探识分布于第二和第三级阶梯的四大平原。

中国四大平原多由河流冲积而成，由北向南依序是：东北平原、华北平原、关中平原和长江中下游平原。平原地势低平，水源充沛，土壤一般都很肥沃，交通便利，所以往往成为农业和工商业发达的地区，人口也十分集中。中国许多大城市都建在平原上，如北京、上海、天津、广州等。

目 录

东北平原

也称松辽平原，位于长白山、大兴安岭和小兴安岭之间，北起嫩江中游，南至辽东湾，南北长1000多千米，东西宽约400千米，面积达35万平方千米，是中国最大的平原。这里的黑土地，与乌克兰大草原和美国的密西西比河流域并称为世界三大黑土分布区。

从"北大荒"到"北大仓"

东北平原分为三个部分：东北部是由黑龙江、松花江和乌苏里江冲积而成的三江平原；南部是由辽河冲积而成的辽河平原；中部则为松花江和嫩江冲积而成的松嫩平原。因此，人们常用"山环水绕，沃野千里"来形容东北地区的地表特征。过去，这里荆莽丛生，风雪肆虐，沼泽遍布，人烟稀少，野兽成群，被称为"北大荒"。新中国成立后，大批转业军人、知识青年和干部响应国家的号召，怀着开发边疆、建设祖国的豪情壮志奔向"北大荒"，排干沼泽，开垦荒原。如今这里已发展成为中国主要的粮食基地之一，过去人迹罕至的"北大荒"已被建设成为富饶的"北大仓"。

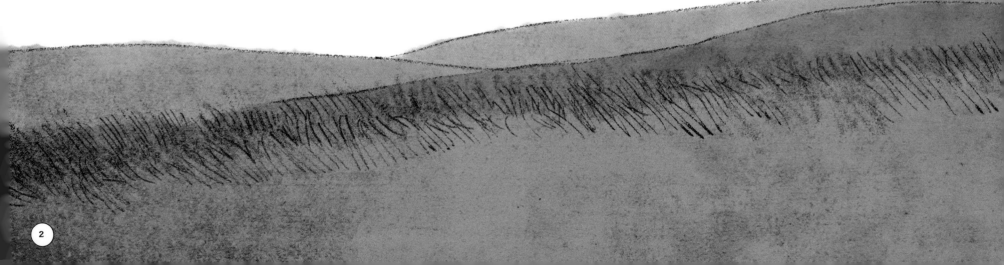

东北平原海拔大多低于 200 米，土层深厚，土壤肥沃，能够提供植被生长所需的养分，是世界三大黑土区之一，现为中国主要的粮食产区。

黑土是一种具有强烈胀缩和扰动特性的土壤，性状好，肥力高，非常适合植物生长，通常呈现为黑色。

每形成 1 厘米厚的黑土，大约需要 200～400 年的时间，这是一笔自然界用了超过 2 万年的时间才积淀出来的财富。

东北平原还是中国的重点林区，树的种类有 100 多种。林区木材品种齐全，材质优良。

全区有野生动物 1000 余种。除了花尾榛鸡、丹顶鹤、雕、天鹅、东北虎、鹿、紫貂等 30 余种珍稀动物外，还有林蛙、狼、獐子、黄羊、山兔等。

石油是东北平原最重要的矿产资源。平原北部因盆地抬升缩小，产生了巨厚的沉积物，为石油生成提供了有利条件。

位于东北平原上的三大油田分别是大庆油田、吉林油田和辽河油田。

东北平原的煤炭、黄金、石灰石、玛瑙等矿产资源储量可观，品位居高。

煤炭

石灰石

玛瑙

东北平原是中华文明的发源地之一。文化个性鲜明，形态多样。"北大荒""黑土文化"表明东北文化的形成与地域特点有密切的关系。

三江平原

三江平原又称三江低地，是中国最大的沼泽分布区，位于黑龙江省东部，是由黑龙江、乌苏里江和松花江三条浩浩荡荡的大江汇流、冲积而成的低平沃土。三江平原位于东北平原的东北部，接邻俄罗斯，其西南部是中国最大的沼泽分布区，农业产品有春小麦、水稻、玉米、大豆等。此地人均耕地面积大致为全国平均水平的5倍，在低山丘陵地带还分布有252万公顷的针阔混交林。

历史上的三江平原

历史上，三江平原曾经是以狩猎和捕鱼为生的满族、赫哲族人的生息之地。直至新中国成立前，这里依然人烟稀少，沼泽遍布，故有"北大荒"之称。

三江平原的地貌

三江平原地势低平，由西南向东北倾斜，平均海拔 50 ～ 60 米，最低处为抚远三角洲的黑瞎子岛，海拔 34 米。在平原上零星分布着残山和残丘，如乌尔古力山、别拉音山、街津山、大顶子山等，它们的高度多在 500 米以下。

平原区内水资源丰富，在低山丘陵地带还分布着针阔混交林。地表一般有 10 ～ 15 厘米积水，内长杂草，当地人称"水草甸子"；多潜育沼泽，也有相当数量的泥炭沼泽；有较厚的草根层，一般厚达 30 ～ 40 厘米。三江平原分布着大面积我国最肥沃的黑土壤，有机质含量很高，是我国宜农荒地开垦的重点地区。

天设地造的自然珍迹

三江平原原始湿地众多，是中国重要的生态功能区，其丰富多彩的湿地景观，堪称北方沼泽湿地的典型代表，也是全球少见的淡沼泽湿地之一。在三江湿地保护区，雁鸭、鸳鸯成群结队在水中嬉戏；丹顶鹤、金雕等搏击长空；马鹿、狍子在草地上奔走觅食；大片小叶樟草在风中沙沙作响，为湿地增添了生机与活力。三江平原已经有三个国家级湿地自然保护区被列入国际重要湿地名录中，成为国际湿地生物多样性的关键地区之一，在国际上占据着极高的地位。

松嫩平原的冲积平原区地形平坦，地貌简单。

以杜尔伯特蒙古族自治县为中心，呈现出一望无际的草原景观。

在广阔的平原上分布有许多高差不大的小丘和洼地。

在黑龙江、吉林、辽宁三省的西部和内蒙古的东北部，是东北草原区。

良好的资源条件为畜牧业发展提供了得天独厚的优势。

松嫩平原

由松花江和嫩江冲积而成的松嫩平原位于黑龙江省西南部和吉林省西北部，海拔 150 ～ 200 米。南以松辽分水岭为界，与辽河平原相隔；北与小兴安岭山脉相连；西起大兴安岭东麓；东至东部山地。松嫩平原略呈菱形，与辽河平原由位于长春市附近的侵蚀低丘——松花江、辽河的分水岭隔开，两者又合称松辽平原，是东北平原的主体。

松嫩平原的地质特征

松嫩平原全区可分为三个地貌单元：东部隆起区、西部台地区和冲积平原区。其中，冲积平原海拔 110 ～ 180 米，地形平坦开阔，但微地形复杂，沟谷稀少，排水不畅，多盐碱湖泡、沼泽凹地，且风积地貌发育，沙丘、沙岗分布广泛。

松嫩平原的形成

松嫩平原在地质时期曾是一个大湖，名叫古松辽大湖，经历了上亿年的沉积。近200～300万年来，随着西部大兴安岭和东部长白山地的抬升，松嫩平原成为沉降的中心。松花江、嫩江和它们的支流携带泥沙把它冲积成一个盆地式平原。整个平原的地势倾向西南，以嫩江和松花江汇合处附近最低。由于地势低平，排水不畅，湿地面积很大，湖沼很多。

重要的商品粮基地

松嫩平原有耕地559万公顷，土质肥沃，黑土、黑钙土占60%以上，是国家重要的商品粮基地。这里盛产大豆、小麦、玉米、甜菜、亚麻、马铃薯等，还盛产黑木耳、针蘑、鸡腿蘑、猴头蘑等可食用菌类。吉林的玉米带与同纬度的美国玉米带和乌克兰玉米带并称为世界三大黄金玉米带。

风光无限好

松嫩平原草场集中，畜牧业发达，地下石油资源丰富。中南部流域内有着草原湿地、江湖泥林、林海雪原等自然美景；有着名的扎龙自然保护区，栖息着天鹅、丹顶鹤等国家重点保护的野生动物。

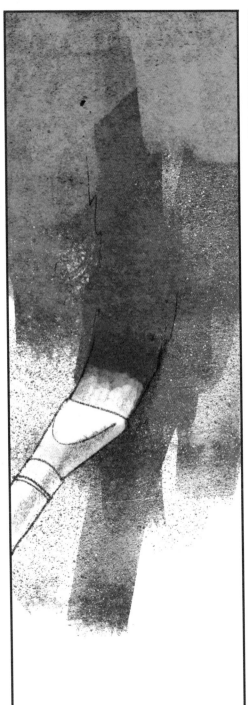

在渤海湾东北部，辽河三角洲入海口的湿地滩涂上，有一片"红海滩"。

真是大自然孕育的奇观，**辽河平原**上一道独特的风景线。

织就眼前罕见美景的是碱蓬草，它是一种可以在盐碱土质上存活的草本植物。破土而出时子叶鲜红，深秋成熟时植株火红，热烈如火，鲜艳欲滴。

辽河平原

辽河平原大部分位于辽宁省境内，由辽河、浑河、太子河、绕阳河等冲积而成。平原夹于辽东丘陵与辽西丘陵之间，南临辽东湾。辽河平原由西辽河平原和辽河下游平原组成。西辽河平原是沙丘覆盖的冲积平原。辽河下游平原的很大部分是在古渤海湾里形成的。

辽河平原的地貌特征

辽河平原地势地平，北高南低，海拔一般低于 50 米，辽河入海口处海拔在 10 米以下。平原上河流众多，各河中下游比降小，水流缓慢，多河曲和沙洲，港汊沼泽纵横，因沉降堆积旺盛，河床较高，汛期常影响排涝。泥沙淤积也使得辽河平原逐渐向辽东湾发展。辽河平原是我国重要的商品粮生产基地，矿产资源丰富，有知名的辽河油田。

东北平原造福了一代又一代的东北人民，可是，高强度的开发，使东北地区的资源环境发生了巨大的变化。有关研究表明，东北地区黑土退化严重，水土流失加剧，土壤盐渍化扩大，草地植被、天然湿地退化严重。这不禁为世人敲响警钟，要保护自然，爱护自然，支持改良土地，修复和改善生态环境。

华北平原

华北平原亦称黄淮海平原，西起太行山和伏牛山，东到黄海、渤海和山东丘陵，北依燕山，南至大别山区一线与长江流域分界，涵盖河北、山东、河南、安徽、江苏、北京、天津等省市，面积约31万平方千米，是中国的第二大平原。华北平原地势低平，多在海拔50米以下，是典型的冲积平原，是由于黄河、海河、淮河、滦河等所带的大量泥沙沉积所致。目前，华北平原还在不断地向海洋延伸。华北平原地势平坦，河湖众多，交通便利，经济发达，自古就是人口、城市高度密集的地区，是华夏历史文化的中心。

海河平原地面上可见断续相连的贝壳堆积所成的沙堤，这标示着古代海岸线所在的位置。

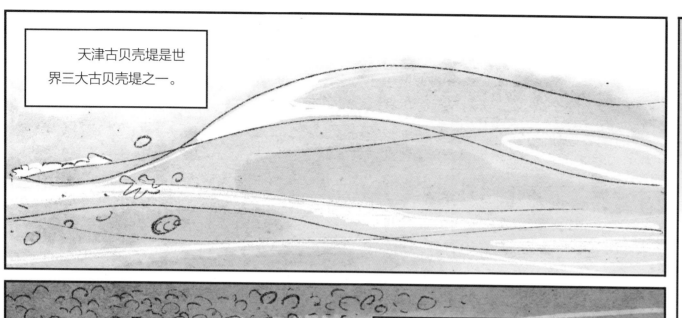

天津古贝壳堤是世界三大古贝壳堤之一。

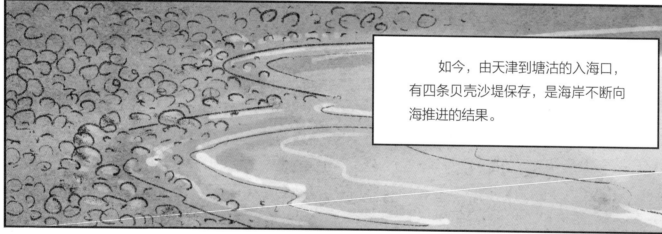

如今，由天津到塘沽的入海口，有四条贝壳沙堤保存，是海岸不断向海推进的结果。

贝壳种类很多！

 # 海河平原

海河平原，由海河和黄河冲积而成，因位于河北省中部，故又称冀中平原、河北平原。海河平原是华北平原的一部分，北抵燕山南麓，南接黄淮平原，西倚太行山，东临渤海。平原上的主要城市有北京、天津、石家庄、唐山等。

海河平原的气候和物产

整个区域属于暖温带湿润或半湿润气候。受季风影响，春季干旱少雨，蒸发强烈，旱情较重；夏季高温多雨，常有洪涝灾害；冬季则干燥寒冷。年温差较大，降水季节变化大。海河平原是中国粮棉的重要产区，主要作物为小麦、玉米和棉花。石油和天然气蕴藏丰富。

海河平原的地貌特征和水系

海河平原北倚蒙古高原与东北平原，东临大海，西以太行山、王屋山与山西高原为界，南以黄河毗连黄淮平原，地势由北、西、南三面向渤海倾斜，海拔由100米降至3米。整个平原上有海河、滦河和徒骇马颊河等三大水系。其中，海河是平原上最大的河流，主要有北运河、永定河、大清河、子牙河、南运河五大支流，于天津附近汇聚，流入渤海。

扇子状的海河水系

因为黄河在历史上曾多次北流，劫夺海河各大支流河道入海，或者把本来由西向东入海的河流截断，使其集中到北面低处天津附近汇合成为海河，然后入海，所以，今天的海河水系像一把扇子，海河是扇柄，五大支流呈扇形散开。由山西黄土高原流下的河流带有大量泥沙，沿途形成"悬河"或"自然堤"，于是，海河平原地面实际上布满了不少洪水分流的高河床，形成不少脊状高地和槽形凹地。凹地积水，变成了湖泊。海河平原上淀和泊众多，著名的有白洋淀、晋宁泊等。

潮土，也称"浅色草甸土"和"淤黄土"，是河流沉积物受地下水运动的影响，经过旱耕熟化而形成的土壤，其特点是颗粒分选明显。**黄泛平原**的潮土最为突出，因为黄河水夹带的泥沙特别多，大量泥沙随洪水泛滥而沉积在平原上。

黄泛平原

黄泛平原，位于海河平原和淮北平原之间。由于华北平原地形地势的原因，黄河流到此处变得缓慢，水流也平缓开阔起来，水中的泥沙产生沉积。历史上，黄河在该片区域多次改道，经过不断冲积、泛滥沉积后形成了平原。

🐕 重要的农业区

黄泛平原上盐碱、沙化土地较多，平均气温高，适合喜温抗沙作物生长，主要作物有棉花、花生、水稻、枣等，是我国的重要农业区。

沧海桑田，黄龙入海！

东营，是中国的母亲河——
黄河汇入大海的地方。

河海相汇处形成了大面积浅海滩涂和湿
地，吸引大量飞鸟聚集，呈现出"飞时遮尽
云和月，落时不见湿地草"的壮观景象。

好热闹呀……

这里的**黄河三角洲**便是黄河携带大量泥沙在渤海凹陷处沉积形成的冲积平原。

三角洲内的地貌以芦苇沼泽、湿地为主，其次为河口滩地、带翅碱蓬盐滩湿地、灌丛疏林湿地以及人工槐林湿地等。

黄河三角洲

黄河三角洲地处华北平原，是以垦利、宁海为顶点，北起套尔河口，南至支脉河口，向东撒开的扇状区域，海拔高程低于15米，面积达5450平方千米。它与长江三角洲、珠江三角洲合称中国三大三角洲。黄河三角洲平均海岸线每年要向海内推进390米，新造陆地30多平方千米，每年都在不停地"发育长大"，所以被称作"中国最年轻的陆地"。

黄河三角洲的形成变迁

黄河三角洲按形成年代可分为古代黄河三角洲、近代黄河三角洲及现代黄河三角洲。古代黄河三角洲是自远古到黄河于1855年夺大清河入海之前、多次变迁冲积而成的诸多三角洲的统称。之后，黄河在铜瓦厢决口后改道北流，形成近代黄河三角洲。现代黄河三角洲则指1934年黄河尾闾分流点下移26千米后形成的新三角洲体系。一般所称的黄河三角洲，多指近代黄河三角洲。

🐾 黄河三角洲的地貌特征

黄河三角洲地带地形较平坦，但由于黄河多次改道，地面略有起伏，多见岗地、坡地、洼地及河滩高地等微地貌景观，是旱、涝、碱多灾害地区。黄河三角洲湿地是世界上暖湿带保存最广阔、最完善、最年轻的湿地系统，建有"黄河三角洲国家级自然保护区"。

🐾 黄河三角洲的气候特征

黄河三角洲地处中纬度，位于暖温带，背陆面海，受欧亚大陆和太平洋的共同影响，属于暖温带半湿润大陆性季风气候区。基本气候特征为：冬寒夏热，四季分明。春季干旱多风，夏季炎热多雨，秋季天高气爽，冬季干冷多风。

🐾 重要的石油工业基地

黄河三角洲地下是个古老的盆地，地质上称为济阳坳陷。过去外国人断言"华北无油"，1955 年，国家决定对华北平原地区展开区域性的石油普查。1961 年，华北石油勘探大队发现了中国第二大油田——胜利油田。几十年来的事实证明，这里不仅有油气储藏，而且储量相当丰富。

这里是**淮北平原**农业区，又到秋收时节，忙碌的人们沉浸在大丰收的喜悦中。

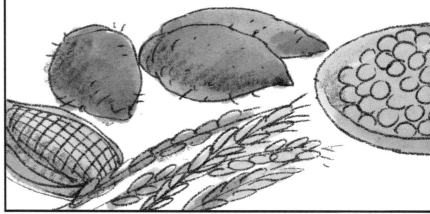

淮北平原农业区位于安徽省内，全区土地总面积3.74万平方千米，有农业人口1526.3万，耕地面积3206.5万亩，占全省耕地面积的47.8%，人均占有耕地2.1亩，是该省面积最大、人口最多的农业区。

此地农业以旱作为主，有甘薯、大豆、烤烟、高粱、小麦、玉米、芝麻等品种。

淮北平原

淮北平原是华北平原的亚区平原之一，位于淮河以北，黄泛区以南，是由黄河泛滥和淮河冲积形成的，气温高，水源充沛。

重要的商品粮生产基地

以前由于黄河泛滥，淤积淮河干道，所以这一带经常闹灾荒；在淮河经过疏通治理后，淮北平原成为中国水稻的主产区之一。由于地处华北平原南侧，这里的自然条件较为优越，综合农业发展较好，是我国重要的商品粮生产基地之一。